讲给孩子的
基础科学 03

# 点亮世界的光

[韩]吴采焕 著　[韩]洪元杓 绘　李孟莘 译

U0243012

中信出版集团 | 北京

**图书在版编目（CIP）数据**

点亮世界的光 /（韩）吴采焕著；（韩）洪元杓绘；
李孟莘译 . -- 北京 : 中信出版社 , 2023.5
（讲给孩子的基础科学）
ISBN 978-7-5217-5243-4

Ⅰ . ①点… Ⅱ . ①吴… ②洪… ③李… Ⅲ . ①光学–
儿童读物 Ⅳ . ① O43-49

中国国家版本馆 CIP 数据核字 (2023) 第 021916 号

**点亮世界的光**
（讲给孩子的基础科学）

著　　者：［韩］吴采焕
绘　　者：［韩］洪元杓
译　　者：李孟莘
出版发行：中信出版集团股份有限公司
　　　　　（北京市朝阳区东三环北路 27 号嘉铭中心　邮编　100020）
承 印 者：北京瑞禾彩色印刷有限公司

开　　本：889mm×1194mm　1/24　　印　张：48　　字　数：1558 千字
版　　次：2023 年 5 月第 1 版　　印　次：2023 年 5 月第 1 次印刷
京权图字：01-2022-4476
审 图 号：GS 京（2022）1425 号（本书插图系原书插图）
书　　号：ISBN 978-7-5217-5243-4
定　　价：218.00 元（全 11 册）

出　　品：中信儿童书店
图书策划：火麒麟
策划编辑：范萍　王平
责任编辑：曹威
营销编辑：杨扬
美术编辑：李然
内文排版：柒拾叁号工作室

光会突然出现，也能马上消失。

光就存在于我们身边，点亮了整个世界，

却既摸不着又悄无声息。

光的本质是什么？又是怎么运动的？

光是如何形成的？又是怎样弯折的？

今天，

可见光"卢米"将为你揭开光的神秘面纱……

# 目录

## 光的本质是什么?

## 光是如何形成的?

## 光是怎样折射的?

## 光是如何运动的?

如果
光
忽然消失的话……

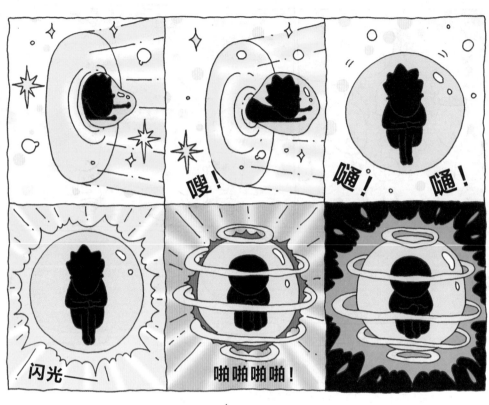

## 百变科学博士，变身为光！

你好！我是光。

准确来说，我是可见光。

是人们用肉眼就可以看见的光。

那么也有肉眼看不见的光吗？

当然有，我之后会为大家介绍这些朋友。

我的名字叫"卢米"，这个名字很适合我吧？

卢米（lumi）在拉丁语中就是"光"的意思。

这个名字念起来很好听，所以我很喜欢我的名字。

从现在开始，就由我卢米给大家讲一讲关于光的故事。

来，现在竖起耳朵来好好听吧！

# 光的本质是什么？

从宇宙诞生之时起，光就一直存在了。

因为光是无法捕捉，也无法触摸的。

所以研究光是一件非常困难的事。

距离科学家发现光的本质，

也只有一个世纪左右。

科学家到底发现了什么？光究竟是什么？

# 光的各种颜色

在很久很久以前，人类认为我是十分神秘的。但是最近人们好像不再像过去那样关注我了。人们不再关注我了，不知道还会不会感激我。你问人们感激我什么？人能够看到这个世界，是因为我能游走到世界的每一个角落。如果没有了我，世界就会变得漆黑无比，人类也就什么都看不见了！

多亏了我，人们才能够分辨出物体的颜色和形状。尽管如此，还是有很多人认为，自己能够看见物体是一件理所当然的事。就好像因为有空气我们才能够呼吸，但人们却不懂得对空气感恩，所以我希望大家可以从现在开始关注我。既然你愿意认真聆听我的故事，那么我就告诉你一个秘密。

可见光是一种多种颜色混合的光。

人们认为我们可见光是白色的，但我可不仅仅是白色的。我身体里混合了各式各样的颜色，所以我是一种看起来像白色的混合光。因为我身体里的颜色还能够被分解出来，所以你们所看到的世界就充满了各种色彩。

相比白色，我更接近于透明。但是很久以前，人们以为我是白色的光，所以把我叫作"白色光"。

1666 年，英国科学家牛顿在透过棱镜观察玻璃窗缝隙中透出的阳光时发现，阳光在经过棱镜后会变出彩虹的颜色，光被分成了各种颜色的"条带"。牛顿通过这个实验得出了结论：阳光是由各种颜色的光组合而成的混合光。

# 光的速度

因为人们都看得到我，所以每个人都知道我的存在，但是光可不止我一个种类，伽马射线、X 射线、紫外线、红外线、无线电波，这些都是我的朋友。这些朋友和我不一样的是，它们无法被肉眼看到。既然眼睛无法看见它们，那它们也能算光吗？提出这个问题太正常了，因为即使是那些非常聪明的科学家，也是花了很长时间，才发现我的这些光朋友的。

我和我的朋友，虽然名字和性格都不相同，但是我们有一个共同点。我们光就算在没有任何物质、空空荡荡的真空环境中依然可以传播，这就是我们最大的特点之一。声音、空气和水都是和我们性质相似的物质，但它们都需要通过一定的介质才能够传播。

光在任意介质中都可以传播，而且所有光的速度都是一样的。

光一秒钟能够走大约 30 万千米。

高速列车

42 天

更准确地说，光在真空中，会以每秒 299 792 458 米的恒定速度传播。也就是说，我只需要一秒的时间，就可以绕地球七圈半，是不是很厉害？我敢保证，在地球上没有什么比我更快了。

但是我为什么会提到真空这个词呢？因为我所经过的介质决定了我的速度。当我经过空气和水的时候，我就会走得比在真空中稍微慢一点。所以当大家提到我的速度时，都是指我在真空中传播的速度。

另外，我在同一种介质中，传播的速度始终一样，所以人们才说我传播的速度是恒定的。

14 天

30 万千米的路程，我只需要 1 秒就能走完。高速列车需要大约 42 天，就算飞机也要大约 14 天。现在你知道我到底有多快了吧？

1 秒

大约 30 万千米

19

# 不同种类的光

我们光虽然走起来都一样快，但是我们的波长是不一样的。伽马射线是波长很短的光，而无线电波是波长很长的光。啊，你问我波长是什么？为了让你更好地理解，我就拿海水来举个例子吧，因为我们光移动时的样子，和海水移动的样子十分相似。大海的波浪总在翻滚，所以海水的表面看起来，是不是总在反复不停地上升，下降，上升，下降？

波长就可以表示为，那些相同形状的波浪在一段距离中，上下跳跃着移动每一波所产生的距离。波浪荡漾的时候，波浪

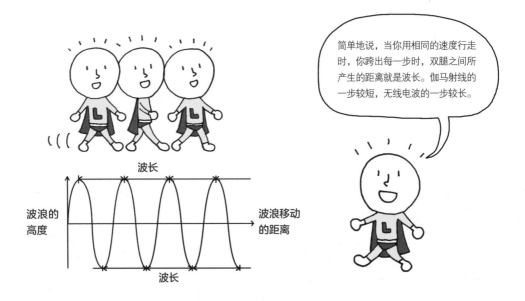

简单地说，当你用相同的速度行走时，你跨出每一步时，双腿之间所产生的距离就是波长。伽马射线的一步较短，无线电波的一步较长。

相邻顶端与顶端之间的距离就是波长。但就像大海中有汹涌的巨浪，也有平静的海浪一样，我们光的波长也是不一样的。所以通过测量我们的波长，就能知道我们是什么光了。

伽马射线、X射线、紫外线的波长都比可见光短。

红外线和无线电波的波长比可见光长。

我最好的朋友是红外线和紫外线，这两个好朋友的波长和我的差不多。虽然你们人类的肉眼无法看见它们，但是有一些动物却可以看到它们。

红外线的波长比我的稍微长一点，我的这个朋友非常善于传播热能。所以当红外线接触皮肤时，人们就会感觉到温暖。你应该也在医院里见过红外线，当你们的眼睛或耳朵生病的时候，那些用来检查眼睛和耳朵的红色光，就是我的朋友红外线。啊，等一下！

这是与我的波长相似的红外线朋友。

人类的眼睛无法看到我。

你不会以为我的朋友红外线就是红色的吧？我都说过了，我的朋友是你们看不见的光。它之所以看起来是红色的，都是因为人类在设备中安装了会发出红色光的装置。

但是十分神奇的是，蛇可以通过自己的眼睛看见红外线。也多亏了这项技能，即使在漆黑的夜里，蛇也能够捕食猎物。无论多么黑的夜晚，蛇都能够看到它们的猎物田鼠体内散发出

我是红外线。让我将热量传给你们。

并不是很烫。

马也在接受红外线治疗。

啊——好像很烫。

快点好起来吧！

的红外线。像田鼠或者人类这样活着的生物，还有那些能够发热的物体都会发出红外线。所以当我们靠近发热的物体时，因为有红外线我们就会感觉热热的。

我的另一个朋友紫外线，比我的波长短一些。紫外线在照射的时候会产生化学作用，能够把人们的皮肤变黑。长期被紫外线照射，皮肤就会受伤甚至患上皮肤癌。怎么样，是不是很可怕？

但是你可不能因为这个原因，就觉得我的朋友紫外线是个"坏光"。紫外线能够杀死细菌，所以它能够保护人类的健康。那些能够为你每天喝的水、穿的衣服、盖的被子消毒的光线，就是紫外线了。

　　另外，紫外线还能够帮助蝴蝶和蜜蜂寻找花蜜。花朵的中心储藏花蜜的地方，很容易反射紫外线，而蝴蝶和蜜蜂都能够看到紫外线。在蝴蝶和蜜蜂的眼中，花朵中储藏了花蜜的部分颜色会更深一些。所以有了紫外线，蝴蝶和蜜蜂就能轻松地找到那些花蜜更多的花朵了。

　　X射线和伽马射线是波长比紫外线更短的朋友。这两个朋友有很多相同的地方，它们的性格也十分相似。所以人们经常把它们放在一起，将它们称为放射线。

　　放射线的威力非常大，它们能够深入物质中，从内部破坏物质。所以，如果人们照射了太多放射线，身体里的细胞就会被破坏。虽然我的朋友放射线很危险，但它们对于人类还是很有帮助的。

　　X射线可以在医院里，帮助医生做诊断或治疗，它还可以

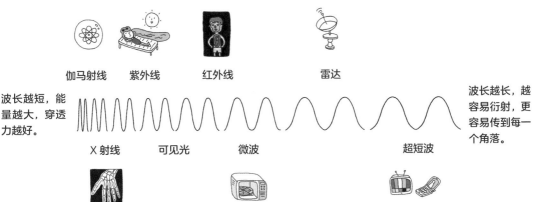

波长越短，能量越大，穿透力越好。

伽马射线　紫外线　红外线　雷达

X 射线　可见光　微波　超短波

波长越长，越容易衍射，更容易传到每一个角落。

　　帮助机场的工作人员检查物体，帮助科学家更好地研究宇宙。伽马射线的破坏力很强，所以它很危险。但是它在治疗癌症、探测金属的内部结构等工作中的表现都非常出色。

　　最后要给大家介绍的朋友是无线电波。就像大家把我的朋友 X 射线和伽马射线称为放射线一样，无线电波也是各种不同类型的电磁波。无线电波可以根据波长，分为微波、超短波、短波、中波、长波等，它们都是波长比红外线更长的电磁波。无线电波主要做一些与通信有关的工作，例如卫星广播、电视播放、无线电广播、手机通信等。

虽然我还想介绍更多的朋友给你们认识，不过还是到此为止吧。但是请记住，不仅有像我一样大家都看得见的光，也有像我的朋友一样看不见的光。

# 光的两副"面孔"

　　科学家测量了我们传播的速度，但他们还是没有完全看清我们的本质。有一些科学家认为我们是微小的颗粒，也就是粒子。还有一些科学家认为我们并不是物质，而是像声音，或者水波一样，是一种运动的波。

　　波动就是指当某一个地方产生振动时，这种振动会像水波一样向周围扩散传播。就像有什么东西掉进水里以后，波浪会以这个东西的掉落点为中心一直向边缘扩散一样。

　　关于我的本质究竟是什么，这个难题在很长一段时间内都困扰着科学家。因为有一些现象，只有在光是粒子状态时才能够解释，还有一些现象只有光在波动时才能够解释。不过多亏了爱因斯坦，科学家才得出了"光有两副面孔"这个结论。

　　所以光从本质上而言，首先是一种有能量的粒子，同时它也是能够像波浪一样运动的波。

　　换句话说，就好像人类会同时拥有两种性格的多面性，人们的行为会随着性格的不同侧面发生变化，这些行为有时候像粒子一样，有时候又像波动那样。现在你可以相信，我和其他物质都不一样，是非常特别的存在了吧？

17 世纪末，科学家开始对光产生兴趣。

光，你的本质究竟是什么呢？

光应该是一种看不见的波吧。

光应该是一种很小的颗粒。

光是在一种叫作以太的介质中振动而产生的波。

以前，人们认为宇宙空间是被一种看不见，也没有质量的物质填满的，以太就是当时人们给这种物质起的名字。

光能够快速移动，因为它是波。

1665 年，英国物理学家罗伯特·胡克提出了"光是波"的假设。

1690 年，荷兰科学家惠更斯发表了一篇支持胡克观点的论文。

光是一种微小的颗粒，也就是粒子。因为光的内部混合着各种颜色的光粒子，而且光是直线运动的。

我支持更有名气的牛顿。

我也一样，我更相信牛顿所说的。

1704 年，英国科学家牛顿出版了认为"光是粒子"的书籍。人们一时间无法判断，到底牛顿和惠更斯谁说的对。相比之下牛顿的名气更大，所以大家都选择相信牛顿。

在大约 100 年后，英国物理学家托马斯·杨又提出了"光是波"的观点。

但是当时的很多科学家都支持"微粒说"，所以杨的"波动说"并没有被大家认可。

1865 年，英国物理学家麦克斯韦的研究发现，电磁波和光的传播速度相同。因为电磁波具有波的性质，所以这一结果为"光是波"的主张提供了支持。

从那以后，科学家不断拿出不同的证据进行争论。一些人认为，光的一些现象只能用波动说才能解释；另一些人认为，光的一些现象只能用微粒说才能解释。

1905 年，美籍犹太裔物理学家爱因斯坦也提出"光是粒子"的主张。但是因为支持"波动说"的证据也很多，所以很多科学家都反对爱因斯坦的主张。

爱因斯坦没有放弃，他继续发表支持自己主张的论文，最终科学家也接受了爱因斯坦的主张。

最终，科学家们得出了光同时具有粒子与波动两种性质的结论。

# 光是如何形成的？

光既摸不着，也抓不住。但是我们却能感觉到它。

当太阳升起或者我们打开荧光灯时都会有光出现。 太阳、月亮、

星星、白炽灯、荧光灯……

它们都能够发光。

这里既有大自然中始终存在的光，

也有后来通过人类的发明而产生的光。

但是光究竟是怎么形成的呢？

# 太阳带来的光

　　我来自哪里？这个问题太难了吗？给你一个提示：想想每天清晨唤醒你的那一缕耀眼的阳光。现在你该知道了吧？我来自挂在高高的天空之中的太阳。

　　那些像太阳一样，自身就能够发光的物体，叫作光源。光源对我来说就像母亲一样，如果没有光源也就没有我。对于地球上的人来说，在所有光源中最厉害的就是太阳。不是还有月亮呀，星星呀，为什么太阳最厉害呢？

　　因为月亮的光其实就是太阳光。月亮自身不会发光，人们所看到的月光，其实是太阳光照到月亮后被反射的。即使我们给月亮蒙上一床被子，人们也依旧能够看到月光。因为太阳光照射到被子上，依旧可以反射被大家看到。那么星光又是什么光呢？

　　大家能看到的星星是一种自身能够发光的天体。太阳也是夜空中无数颗能够发光的星星中的一员。因为天上的星星多到数不清，所以也存在比太阳更亮的星星。

　　那么为什么说太阳是光源中最厉害的呢？那是因为其他能发光的星星距离地球都太遥远了。无论是多么明亮的星星，由于离地球的距离太遥远，它的光照到地球的过程中，也会渐渐变得微弱。

但是太阳是距离地球最近的会发光的星星，所以它比其他星星看起来都更加明亮。在太阳升起的白天，其他星星的光都会被太阳光挡住，因此人们无法在白天看见星光，直到太阳在夜晚落下后，你才能够看见其他星星所发出的光。

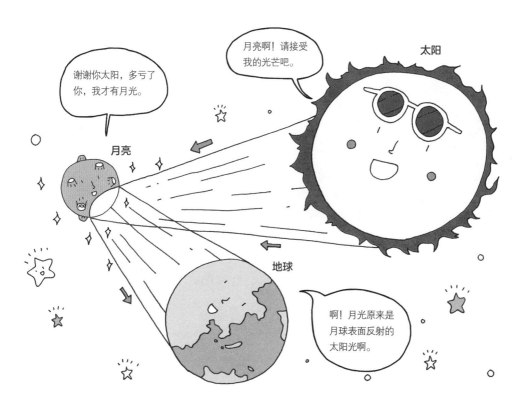

# 热量带来的光

那么太阳究竟是如何发出光的呢？这个问题的答案就是，因为太阳是非常热的星球。

我们燃烧铁块的时候，铁块一开始会变成红色，如果我们继续加温，它就会变成黄色，到了最后就会变成白色。物体在高温之下发出光的现象，就是热辐射。

物体根据自身温度不同会发出不同波长的光。

物体越热，发出的光波长就越短。还记得人体也会发出红外线吧？红外线的波长很长，所以即使是温度极低的物体也能够发出红外线。那些和我一样的可见光，需要它们的温度达到400℃才能够发出。而波长比我短的紫外线，只有在物体更热的时候才会出现。

我的母亲太阳炙热得你根本无法想象。太阳的表面温度是6 000℃左右，内部温度更是高达1 500万摄氏度。所以太阳会发光，会发出无线电波、红外线、紫外线、X射线、伽马射线等各种波长的光。但是和我这种可见光不同，这些光朋友在到达地面之前大部分都会消失。

爱迪生改进的白炽灯，运用了和太阳一样的发光方式，那就是热辐射的原理。白炽灯灯光就是灯丝在发热后所发出的光。那么白炽灯的灯丝有多烫呢？超过2 000℃。因为白炽灯的发光原理和太阳一样，所以它能够发出像我一样的可见光，也能够产生我的红外线朋友。

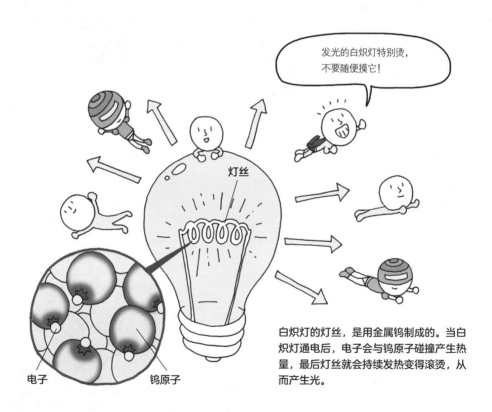

灯丝

发光的白炽灯特别烫，不要随便摸它！

电子　　　　　钨原子

白炽灯的灯丝，是用金属钨制成的。当白炽灯通电后，电子会与钨原子碰撞产生热量，最后灯丝就会持续发热变得滚烫，从而产生光。

# 电发出的光

　　我并不是只靠发热产生的。白炽灯通过发热来发光，但荧光灯是通过其他方式发光的。简单来说，荧光灯是通过不断放电而发光的。放电就是指在非常高的电压下，忽然有大量的电流运动的现象。

　　荧光灯的内部都装有汞蒸气，在灯管的内壁上涂满了荧光物质。灯管的两端都设置有电极。当高压电作用于荧光灯时，电子就会快速地由阴极向阳极运动。这些电子与灯管内部的汞原子发生碰撞，汞原子受到刺激之后，就会释放出光。但这些

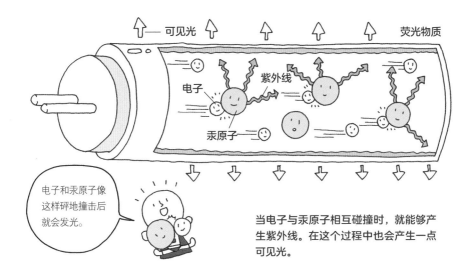

可见光　　荧光物质

紫外线

电子

汞原子

电子和汞原子像这样砰砰地撞击后就会发光。

当电子与汞原子相互碰撞时，就能够产生紫外线。在这个过程中也会产生一点可见光。

汞原子所产生的光大部分都是我的紫外线朋友，人类是看不见他们的。你是不是觉得很可惜？对了，这还没有完全结束呢，我刚刚不是说过灯管的内部涂满了荧光物质吗，现在就到了荧光物质发挥作用的时候了。当紫外线碰到这些荧光物质时会立刻产生可见光，所以我们才把这种灯称为荧光灯。

　　不过你知道吗？生物也是能够发光的，萤火虫就属于这种能够发光的生物。每到夏日，萤火虫就会在晴朗的夜空中闪烁着光芒，四处飞舞。萤火虫的腹部下端会分泌一种叫作"荧光素"的化学物质，它们会将这种化学物质分解为一种特有的酶，然后借助这种酶来发出漂亮的光芒。但可不止萤火虫有这个技能，很多生活在海底的海蜇、鱿鱼和一些生活在地面上的月夜菌，也会使用类似的方法来发光。

# 光是如何运动的？

从光源中发出的光传播到世界的各个角落，

通过这些光人们才能看到周围的物体。

不过，光总是遵循同样的运动规律。

这一次就让我们来看看，光遵循着什么样的运动规律吧！

# 直射的光

　　相比一直待在同一个地方，我更喜欢各处走动。所以即便是很久很久以前的人，也知道光能够移动。当人们打开窗户的时候，光就能瞬间照射到房间的每个角落，当人们点燃蜡烛的时候，房间马上就变得明亮。但是你见过我运动吗？应该没有亲眼见过吧？那么就请你关闭整个房间的光源，让房间变得黑漆漆的什么也看不见，然后打开手电筒。这样你就能看到从手电筒中笔直照射出的光。即便你左右摆动手电筒，光也仍旧笔直地向前方照射，像这样笔直照射的光，我们就称它为光线。

　　现在你们明白光是直行的了吧？哎呀，还不太清楚吗？

那么请你想想自己的影子吧。影子是我笔直照射的最好证明。如果你在路上遇到了什么障碍物，你一定会绕过障碍物或者选择走另一条路吧？但是，如果有某个物体挡了我的路，我就无法继续前进了。因为我喜欢走直线不喜欢绕弯，所以那些阻挡我的物体身后就会出现阴影，人们将那些黑暗的部分称为影子。只要有光和物体，在任何地方都有可能产生影子。现在，看看你的周围，到处有影子出现哟。

人类真的非常聪明，他们利用影子制作了日晷。在地上竖起一根棍子，利用棍子遮挡阳光形成阴影。因为早晨、中午、

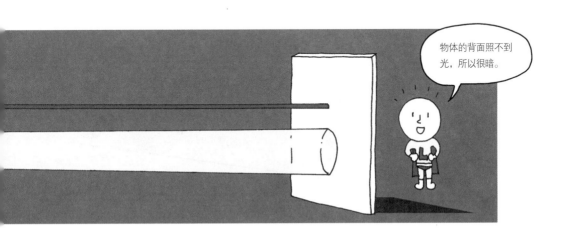

物体的背面照不到光，所以很暗。

晚上时间是不同的，太阳在天空中的位置也不一样，棍子所产生的影子的方位也会因此而产生变化。所以人类根据棍子后影子的位置划定了时间，当作钟表使用，这就是日晷。虽然我们现在已经几乎用不到它了，但日晷在当时对于人类而言，可真是一个了不起的发明。

不过世界上最大的影子是什么呢？那就是地球的影子。我们也能看到地球的影子吗？虽然不太容易，但运气好的话也是能够看到的。

月食

想要看到地球的影子，就需要等到地球转到太阳与月亮之间，并且太阳、地球、月亮排成一线的时候。这时地球会挡住太阳的光线，月球的表面就会被地球的阴影所笼罩。因为地球阴影的遮盖，我们就会暂时看不见月亮，这种现象就叫月食。相反，如果是月亮遮挡住了太阳的光，月亮的影子就会出现在地球上。这时因为月亮影子的遮盖，我们就会暂时看不到太阳，这种现象就叫日食。在朝鲜半岛，月食和日食每隔数十年就能看到一次。

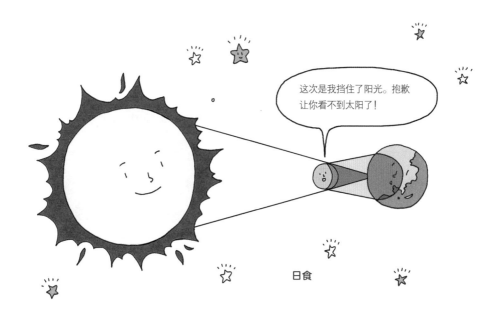

这次是我挡住了阳光。抱歉让你看不到太阳了！

日食

# 反射的光

公元前 218 年发生了第二次布匿战争，那些十分强大的罗马舰队，攻击了希腊的城邦叙拉古。据说当时希腊科学家阿基米德就生活在叙拉古，他用镜子制造了一个武器，利用镜子反射太阳光烧毁了罗马军队的船只。每次你照镜子利用的也是光反射的原理。

什么是反射？当我在空气中传播时，我是不会自己停下的，我会一直以同样的速度笔直地向前运动。但是，如果我在途中碰到了物体，这个物体就会挡住我原来前进的方向，迫使我改变方向继续前进。就像足球撞在门柱上以后，就会向旁边弹出去一样，光像这样碰撞到物体之后，改变前进方向的现象，就叫作反射。

如果你想看看我是如何反射的，那就再把房间弄得像刚才一样黑漆漆的，然后用手电筒斜着照向镜子。你就能够看到，从手电筒中发出的直射光线，在遇到镜子之后会改变方向。

但是我在反射的时候是有规律的，我可不会随心所欲地乱走。这次也一样，只要你有手电筒和镜子，就能够看清我运动的规律。把手电筒照向镜子，仔细观察一下光线是如何运动的，

谁也不知道阿基米德是不是真的制作了镜子武器，要想反射足以烧毁木船的光线，就必须制作非常大、能聚集光线的镜子。但据说，以当时的技术很难制造这样的镜子武器。

这时你需要把手电筒左右晃动，反复实验几次并观察结果。如果你想要看清光的路线，不要只是盯着镜子看，应该看看镜子周围的墙壁和天花板。

你找到我反射的规律了吗？哎哟，还没有观察到吗？那这次就先由我来告诉你，你之后一定要认真去观察一下哟。

无论手电筒的光从哪个方向照射过来，从手电筒照射到镜子上的光线，与从镜子上反射出去的光线都是对称的。

准确地说，光线照射到镜子上的角度，与反射出来的光线的角度总是相同的。这个规则就叫反射定律。

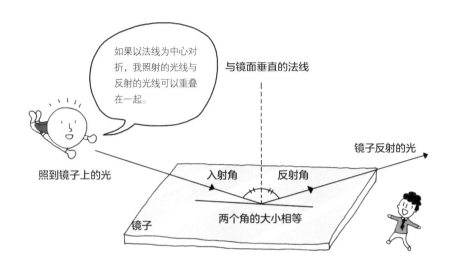

如果以法线为中心对折，我照射的光线与反射的光线可以重叠在一起。

与镜面垂直的法线

照到镜子上的光

镜子反射的光

入射角　反射角

两个角的大小相等

镜子

　　为什么不随心所欲地运动，干吗那么麻烦一定要遵守反射定律呢？因为只有遵守反射定律传播的时间才最短，就像你们去某个地方，一定会找用时最短的路线一样。既然遵守反射定律能够传播更快，我就没必要选择更慢的路线，对吧？

　　就像我在碰到物体之前，总是选择直线前进一样，走直线需要传播的距离最短，所以走得也最快。如果我前进的路线是弯弯曲曲的，就要花费更多的时间。只有采用最快的方式，我才能够传播得更快。

# 物体可见的原理

红色的苹果，蓝色的天空，七色的彩虹……这个世界充满了各种各样的形状与颜色。多亏有了我，人类才能够看见这个五颜六色的世界，准确地说，人类能看到的世界都是因为我能够从物体上反射回来。是不是不太明白我在说什么？

我们先来想一想红红的苹果，你是怎样看到苹果的呢？你是不是认为，只要苹果放在眼前你就能看到呢？那么我们来思考一下吧。

如果你进入一个黑暗无光的地方会怎样？在这样漆黑的环境中，即便苹果就在你面前，你也无法看到它。想要看到苹果，不论是阳光也好，灯光也好，都必须有光。如果你闭上眼睛，也是无法看见苹果的，所以想要看到苹果，还需要你的双眼吧？这不是理所当然的吗？没错，目前为止是这样的。

但是如果你在有光线照射、明亮的地方睁大双眼，背对着苹果坐下会怎么样呢？现在有光，有能够看见事物的双眼，还有苹果，但是你却看不到苹果。那是因为苹果反射的光无法进入你的眼睛里，因为光线是笔直的，遇到苹果时就会反射。当苹果上反射的光进入眼睛之后，你才能够看到苹果。但是如果你把苹果放在背后，苹果上反射的光就无法进入你的眼中了。

换句话说，我们能够看见物体，就是因为眼睛接收到了物体反射的光。

嗯，难道不是只有像镜子一样，光滑又闪闪发光的物体才能够反射光线吗？那都是误解。那些不闪闪发光的物体也能够反射光线。你现在读的这本书的纸张也反射了光线，正因为这本书的纸反射了光线，你才能够看到书。

看看你的周围，你能够看见周围的物体吗？当你看到物体的时候，就说明那件物体正在反射光线，大多数的物体都能反射光线。

像镜子一样表面光滑的物体，反射的光线是整整齐齐朝一个方向的。像纸张这样表面凹凸不平的物体，反射的光线是不规则的。

纸张不就像镜子一样光滑吗？当然，如果你只用肉眼观察，纸张看起来比较光滑。但是如果用放大镜观察，就会发现它的表面是凹凸不平的。

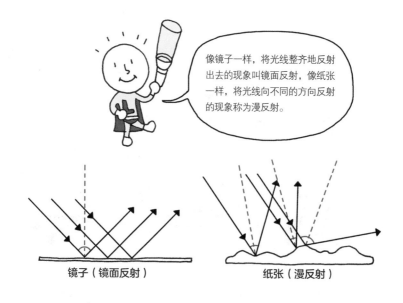

像镜子一样，将光线整齐地反射出去的现象叫镜面反射，像纸张一样，将光线向不同的方向反射的现象称为漫反射。

镜子（镜面反射）　　　　纸张（漫反射）

虽然当我照射纸张时，反射的光是不规则的，但并不意味着我就是随便反射的。我不论是照射镜子还是照射纸张，都要遵循反射定律。不管是在镜子上还是纸上，我的入射角和反射角都是一样的。只是因为纸张表面是凹凸不平的，所以根据光线碰到的部位不同，光线的入射角就会不同，因此它的反射角也会不同。

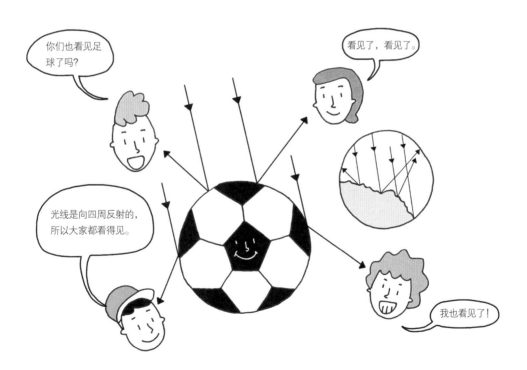

其实你看到的很多物体的表面，都像纸张一样凹凸不平。因为它们的表面坑坑洼洼的，所以光线照在它们身上会向四面八方反射。所以即使你离物体稍微远一些，物体上反射的光也会进入你的眼睛，使你看到这个物体。你所处的位置不同，你看到物体的部位也不同。

　　但是物体的颜色又是怎样被看见的呢？我虽然看起来像白色的，但其实混杂着各种颜色的光，对吧？而且我从物体上反射的光线，只有进入你的眼中，你才能够看到那个物体。

　　苹果看起来是红色的，是因为苹果并没有反射所有的太阳光。阳光照射到苹果之后，苹果会吸收掉其他颜色的光，只把红色的光反射出去，这时就只有红色的光进入人的眼中，苹果看起来就是红红的。反射到你眼中的光是什么颜色，决定了你所看到的物体是什么颜色，这就是每个物体的颜色看起来不一样的原因。

　　物体会吸收不同颜色的光。物体在吸收了一部分光线后，把剩下的光线反射出去，因为反射的光线颜色不同，所以每个物体的颜色也不同。

苹果会反射红光，葡萄会反射紫光。

　　如果物体反射黄色的光，人们看到的颜色就是黄色。如果物体反射的光是绿色的，人们看见的颜色就是绿色的。如果某个物体吸收了所有光线没有反射的话，它看起来就是黑色的。如果物体没有吸收光线，而是把所有的光线都反射了，那它看起来就是白色的。也就是说，物体的颜色会根据它反射的光的颜色而不同。

# 利用反射的物体——镜子

再说一遍，人们能够看到物体的形状和颜色，都是因为我产生的反射现象。但是有一个非常特别的物体，那就是镜子！大部分的物体被光线照射之后，只会反射一部分的光，但镜子会原封不动地将所有的光都反射出去，所以镜子可以照出其他物体的模样。

但是，当你看着镜子的时候，有没有一种奇怪的感觉？当你站在镜子前面，就好像你站在镜子里面一样。当你看到镜子照出的其他物体时，是不是也感觉在镜子里有一个同样的物体？据说，会产生这种奇怪的现象，是因为人的眼睛会产生错觉。

人的眼睛会默认光总是笔直照射的，所以当人们看到镜子上反射的光时，会误以为那些光是从镜子里的物体上反射来的。

在镜子里看到的物体的样子，是人眼的错觉造成的假象，因此通过这种方式看到的影像被称为虚像。虽然我们看到的影像是假的，但是镜子中物体的模样、大小、颜色都和镜子外的物体是一样的。

  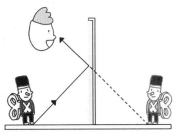

从物体上反射的光照到镜子上，通过镜子再一次反射到你眼中。

你的眼睛误以为光不是从镜子上反射来的，而是直接从物体上反射来的。

所以物体实际上虽然在镜子外面，你却感觉它像在镜子里面。

　　不过，你看到的镜子里的物体和实际的物体有一样不同。来，张开你的双手面对着镜子。你真实的双手是能够与镜子中的双手完全重叠的。这有什么不同呢？这就说明镜子中的物体，与实际物体的左右是相反的。因为你在镜子里所看到的影像，其实是物体的虚像。

　　一定要记得，你能够看到物体，都是因为我按规律运动而产生的现象。我平时总是走直线，所以遇到物体时就会发生反射，反射之后再继续直线向前。正因为我遵守这样的规律，才能传播得非常快。

# 光是怎样折射的？

光具有直线向前的性质，当它遇到物体时，就会进行反射。

如果它们遇到的物体是透明的，光就不会反射而是进行折射。

光线折射时也会遵循什么规律吗？

如果光线折射的话，会发生什么事情呢？

# 折射的光

　　人类的眼睛很容易产生错觉。就像你照镜子的时候，会误以为镜子里面有东西一样，当你看向水面的时候，你的眼睛也会产生一定的错觉。你看到的河水看起来会比实际浅，或者你会误以为水中较深处的物体距离水面很近。你看到河水时，对水的深度，或者水中物体的远近产生的错觉，就是因为我产生的折射。

折射是我的另一种运动方式，就是当我向前运动时，路线发生弯折改变了方向。想了解折射就需要了解我是如何运动的。

　　当我在空气中运动时，不会向旁边弯折，也不会停下来，会一直前进，并且始终保持同样的速度。如果途中我碰到了什么物体无法通过，就会改变前进的方向继续笔直地前进，这种现象就叫反射。即使光线发生了反射现象，也只是改变前进方向，并不会改变前进的速度。

　　如果我遇到水或者玻璃这样的透明物体之后，又会如何运动呢？我能够穿过空气、水、玻璃等各种透明的物质，这种能够让光线穿过的物质就叫介质。

　　光在某种介质中传播时，会以同样的速度直行。当光进入不一样的介质之后，速度会发生变化，路线也会随着速度的变化发生弯折，这种现象就叫折射。

　　那么你就跟随我来观察一下，当我在空气中穿行时，如果遇到了水会发生什么吧。

当介质改变时会产生什么变化?

准备物品:

　　手电筒，黑色的纸，胶带，锥子，透明的容器。

实验步骤:

　　①在黑色的纸上扎一个小洞，将它覆盖在手电筒上，这样做是为了避免手电筒的光向旁边扩散，这样才能够更清晰地看到光线前进的路线。

　　②将盛满水的透明容器放在桌子上。使用的容器越透明越好，容器越透明越方便大家观察光线传播的路线。

　　③现在用手电筒紧贴容器的侧面，打开手电筒观察光线是如何前进的。这时如果能让房间保持漆黑的状态就更好了。

　　④接下来试试用手电筒斜着照射水面再观察看看。

实验结果：

将手电筒紧贴着容器的侧面，打开手电筒的开关，就可以看到光线笔直地照射进水中。如果从水的上方照射，就会发现光线在照射进水中时会发生弯折。然后，光在水中继续笔直地前进。

为什么会产生这样的结果呢？

当我只在空气中前进或只在水中前进时，我的速度是一样的，所以我前进的路线始终是直线。由于我在两种介质中的速度是不同的，在空气和水这两种不同的介质交界的地方我就会发生弯折。

我穿过不同的介质时的速度不同，我在几乎没有物质的真空环境中传播速度最快。人们所知道的我的速度——每秒传播约 30 万千米，也是在真空中测量得出的。

当我在空气中时，空气中的灰尘或者水蒸气等物质，会影响我前进的速度，所以我在空气中的传播速度会稍微慢一点。不过只是慢一点点，和我在真空中的传播速度几乎没有差别，大家也可以认为，我在空气中的传播速度和在真空中是一样的。但是水比空气更难通过，我在水中传播的速度会变慢很多，在这种情况下我的路线就会发生弯折，不过当我垂直入射时不会改变方向。

我在空气中 1 秒大约能走 30 万千米！

空气

我在水中 1 秒大约能走 23 万千米！

水

我在玻璃中 1 秒大约能走 20 万千米！

玻璃

# 折射的原因

　　我运动的原理其实很简单，我在前进的过程中遇到新的物体时，我就会重新对前进的路线做出选择。遇到那些无法通过的物体时，我就会进行反射从而改变前进的方向，遇到能通过的物体就采用折射进行一些偏转。无论是反射也好，折射也好，改变方向之后再继续沿着直线前进的规则都是一样的。

　　你应该没有忘记我之前说过，我总会选择最快的路线前进吧？如果你是个聪明的孩子，那么你现在一定会觉得奇怪。为什么呢？因为如果我发生折射，前进的路线就需要弯折，这比直线前进的距离更长。如果行走的距离变长了，需要花费的时间也就更多了。

　　那么我在折射的时候，不就放弃了捷径吗？不是这样的，我发生折射就是为了选择最佳路线。如果我在水中的速度和在空气中的一样，那肯定是直线前进最快速。但是我在空气中的传播速度更快，在水中的传播速度相对较慢。如果我相对地增加一点在空气中传播的距离，就会相应地减少我在水中需要传播的距离，没错吧？所以我选择折射前进而不是笔直地向前。是不是有一点难以理解？那么我再简单说明一下。

人类在陆地上行走的速度很快，而在水中行走时速度会变慢。试想一下，如果人们要进行一场比赛，要求从沙滩出发，以最快的速度跑到海中的小岛上。假设从你的位置径直向前走，那么你在地面上行走的距离，和在海里游动的距离，是一样长的。但是人类在陆地上的速度更快，如果你增加在陆地上移动的距离，相对就减少了自己在水中移动的距离，那么比赛的结果就会对你更有利。总而言之，有时候适当拐个弯，会比走直线更快。

我也一样，我在空气中传播的速度更快，在遇到水的时候，我会弯折后再进入水中，这样就能保证我以最快的速度到达目的地。即便在这样的情况下，我也不会随意乱跑，而是依照规律前进。

第一条定律就是，光在介质之间的传播速度差异越大，光线发生弯折的角度就越大。

如果我在空气中传播的过程中遇到了玻璃，那么就要比我遇到水的时候弯折的角度更大。

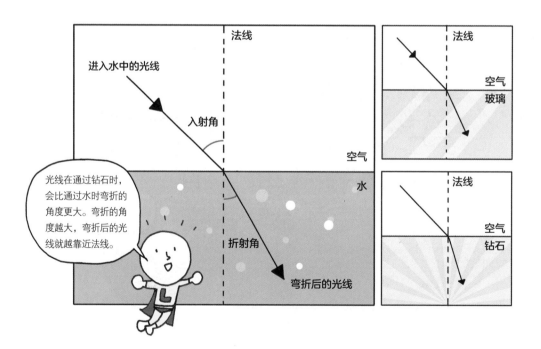

因为玻璃比水更难通过，我通过玻璃的速度也更慢。而钻石更难通过，我通过钻石的时候，弯折的角度也就更大。

另一条定律是，当我遇到传播速度较慢的介质时，我就会向靠近法线的方向弯折，当我遇到传播速度较快的介质时，我就会向远离法线的方向弯折。

但是，无论我直行、反射还是折射，都有一个不变的规则。那就是我会选择用时最短的路线，因为我最喜欢快速地传播！

当我为了快速地传播而进行折射的时候，人类的眼睛为什么会产生错觉呢？

水中的物体反射的光线，在水的表面产生折射之后，再进入你的眼睛。

你的眼睛不会认为光线是折射而来的，会认为光线是直接从物体上反射后进入你眼睛的。

所以你会感觉物体漂浮在它实际位置的上方。

这就和你照镜子时产生的错觉差不多，你的眼睛认为光线总是成直线传播的。水中的物体反射的光线，在经过水面的时候发生了折射，但是你的眼睛却误以为，光线是直接从水中的物体上反射来的。所以你眼睛看到的水的深度比实际更浅，或者水中的物体比实际离你更近。

你透过水面所看到的物体，都是通过光线折射后而形成的物象，是你的眼睛产生了错觉之后形成的假象。就像你看到的镜子中的物体那样，是一种虚像。

**折射造成的错觉**

那个沉入河底的金戒指，看起来比实际位置浅，这就是折射造成的假象。

如果我们把铅笔放在水中，铅笔浸在水中的部分和留在水面上的部分，看起来就像被折断了一样。

如果在一个空杯子底部放一枚硬币，在一开始时你是看不见硬币的。

杯子

如果我们往杯子里灌满水，就会发生折射现象，硬币看起来就像从水里浮起来了一样。

在沙漠里，白天时热空气会从地面上升，越是靠近地面空气就越热。当冷空气从这里经过时，光线从冷空气里进入热空气中时，它的速度会改变，从而发生折射。因为这种折射现象，人们就会在沙漠中看到海市蜃楼。

冷空气
热空气

当空气变热时，空气分子之间的空隙就会变大。所以光线在经过热空气的时候，移动速度会更快。

# 利用折射的物体——透镜

　　我产生的折射不只会引起人的错觉，还能够帮助人们更好地看清物体。人们在看不清物体的时候会怎么办呢？对啊，人们会戴上眼镜呀。眼镜就是以我的折射为原理发明出来的物品。在制作眼镜的时候，人们还会根据自己视力状态的不同来使用不同的透镜。

　　你问我透镜是什么？透镜是和玻璃一样透明的物体，有镜片中心厚的凸透镜和镜片边缘厚的凹透镜两种。

　　当我穿过空气遇到玻璃的时候，我的速度就会变慢并且发生弯折，当我遇到透镜时也会发生这种弯折现象。光通过空气进入透镜时发生第一次弯折，通过透镜进入空气时又发生了第二次弯折。

　　光在通过透镜时发生了两次弯折，但是无论怎样，光线都会折向镜片上厚的那一侧。

　　凸透镜的中间厚，边缘相对薄。因此光线在经过凸透镜时，会向凸透镜更厚的中间方向弯折，然后继续向前直行。但不管是从镜片的哪个方向射来的光线，最终都会聚拢到同一个地方。凹透镜和凸透镜相反，凹透镜的中间薄边缘厚。所以光线会向更厚的边缘弯折，这时的光线会向外侧扩散。

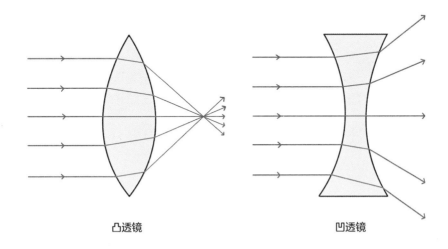

凸透镜　　　　　　　　　　凹透镜

　　穿过凸透镜的光线，会向内弯折聚拢在一起，而经过凹透镜的光线，会向外侧弯折扩散。

　　那么，我遇到透镜时发生的弯折，与你看到物体这件事有什么关系呢？想象一下凸透镜的原理。从物体上反射的光线，在遇到凸透镜时会发生弯折。但是你的眼睛还是会误以为，光线是直接从物体上反射来的。所以你所看到的物体，比物体本身要大很多。好好地利用凸透镜的这个原理，你就能够看见很小很小的物体。相反，通过凹透镜观察物体时，你所看到的物体会比物体本身更小。我们可以利用这个原理，让远处的物体看起来更近。

　　凸透镜会使近处的物体看起来更大，凹透镜会使近处的物体看起来更小。

　　你利用凸透镜放大物体，或者利用凹透镜缩小物体，所看到的都只是虚像。你所看到的都不是物体直接反射来的光。

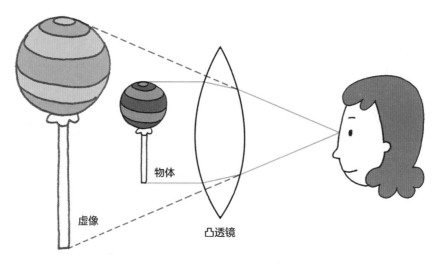

光线经过凸透镜时发生折射，你的眼睛会误以为这个光线是从物体上直接反射来的。这时你就感觉看到的物体，比它本身显得更大，离你更远。

从物体上反射的光，经过透镜重新聚拢在一起后，你就能看到物体实际的样子。这就叫实像。

凹透镜会向外部散射光线，所以通过凹透镜只能看到虚像。但是凸透镜能够将光线聚拢到同一个地方，所以通过凸透镜能够看到实像。

如果想要用凸透镜看到实像，应该要怎么做呢？非常简单，只要将物体放得离凸透镜远一点就可以了。如果物体距离凸透镜很近，物体所反射的光就很难聚集在一起，所以这种情

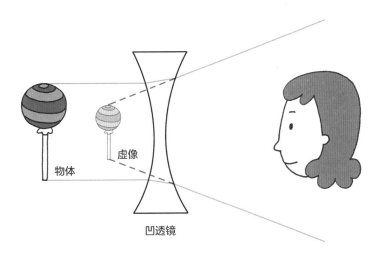

光线经过凹透镜时发生折射，你的眼睛会误以为这个光线是从物体上直接反射来的。所以你会感觉看到的物体比实际更近更小。

当物体距离凸透镜很近时，你能看到的就是虚像。它看起来会比物体实际的样子更大。

当物体远离凸透镜时，光线就会汇聚在一处，你就能看到物体的实像。但是物体看起来是上下颠倒的。

况下就只能看到虚像。但是，如果我们将物体逐渐远离凸透镜，在某个瞬间光就会聚集在一起，你就能够看到物体反射的实际的样子。这时物体的样子与虚像不同，物体的方向是上下颠倒的，看起来与物体实际的大小基本相同。

人们无论是看到虚像还是实像，都是因为我的折射产生的作用。不仅是矫正视力的眼镜，就连能够保留珍贵瞬间的照相机中，也使用了透镜。另外，在科学领域发挥了巨大作用的望远镜和显微镜，也是由透镜制作的。

# 五颜六色的光

你有认真地听我讲故事吧？我是谁？对了！我是光。我是光中的可见光。再次强调一下，多亏了我，人类才能够看见世界上所有物体的模样和颜色，因为我能够照射到世界的各个角落。如果你把我告诉你的秘密中的两个放在一起思考，就会发现非常有趣的事情。会是什么事情呢？那就是我能够被分解为各种颜色的单色光！

**第一个秘密**
我是各种颜色的混合光。

**第二个秘密**
我在通过不同的介质时会发生折射。

组成我的各种颜色的光，它们各自也会分别被折射出去。红色的光稍微弯折了一点，紫色的光弯折的角度会更大一点。所以我会被分为五颜六色的单色光。

如果你想看看这种现象，可以使用棱镜。在我进入棱镜时，会发生一次折射，在我离开棱镜时，又会发生一次折射。通过这种折射，将我分解为五颜六色的单色光的现象，就叫色散。

你是不是在为自己没有棱镜而失望？别担心。即使没有棱

 我们可以把阳光想象成一把折叠起来的、颜色像彩虹一样的扇子。当阳光照射到棱镜发生了折射之后，"扇子"就会展开一点。当阳光从棱镜中出来时，又会发生一次折射，这时"扇子"就会完全打开，你就能够看到彩虹的颜色了。

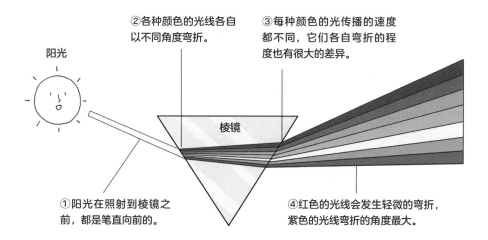

②各种颜色的光线各自以不同角度弯折。

③每种颜色的光传播的速度都不同，它们各自弯折的程度也有很大的差异。

阳光

棱镜

①阳光在照射到棱镜之前，都是笔直向前的。

④红色的光线会发生轻微的弯折，紫色的光线弯折的角度最大。

镜你也能看到我被分解为五颜六色的单色光。

　　等到雨过天晴的时候，马上背对太阳，找找天空中的彩虹。彩虹的形成是因为天空中的水滴起到了棱镜的作用，所以光在天空中被分解了。当然，彩虹是经过更加复杂的过程形成的。

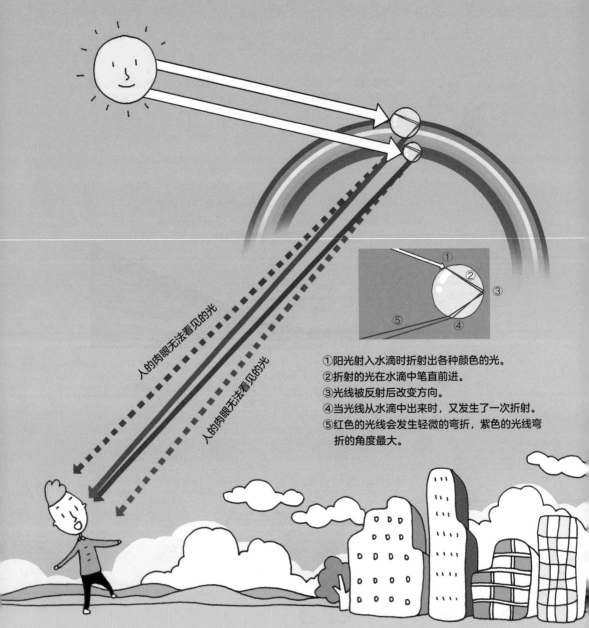

人的肉眼无法看见的光

人的肉眼无法看见的光

①阳光射入水滴时折射出各种颜色的光。
②折射的光在水滴中笔直前进。
③光线被反射后改变方向。
④当光线从水滴中出来时，又发生了一次折射。
⑤红色的光线会发生轻微的弯折，紫色的光线弯
　折的角度最大。

阳光经过空气射入水滴后，由于各种颜色的光的弯折角度不同，阳光会被分为不同
颜色的单色光，正是由于每种光线独特的弯折角度，使它们仍旧以单色光的形式从
水滴的不同角度射出。所以在人眼里，有些水滴呈现红色，有些水滴呈现紫色。这
些折射了各种颜色的光的水滴聚集在一起，看起来就像不同颜色的光带。

# 散射的光

现在我好像把我所有的秘密都告诉你了，那我再考你最后一个问题吧。天空为什么看起来是蓝色的？

你知道答案吗？即便是把我告诉你的所有故事都串联起来思考也很难找到答案。要是你现在就能找到问题的答案了，真是了不起啊！那么继续听听我的故事，看看你想的答案是否正确吧。

你知道我总会选择最快的路线吧？所以我总是喜欢走直线。如果在我前进的路上碰到了其他的物体，我就会进行反射或者折射。如果我遇到的是非常非常小的物体，又会发生什么事情呢？

地球大气圈——你们称为天空的地方——充满了空气。空中又有许多肉眼无法看见的灰尘，以及氧气、氮气等气体分子。

这些气体分子都太小了，我既不能通过它们进行反射，也无法从它们中间通过。我如果和这些小分子发生碰撞，就会被分为各种颜色的光线。我通过这种方式产生的颜色，与因为折射被分成各种颜色的光线是不同的。

我的身体在与其他物体发生碰撞后，就会向各个方向散开。光像这样与细小的物体发生碰撞之后，向各个方向分散开的现象就叫散射。

天空看起来是蓝色的，就是因为我的散射现象。就像我在折射的时候，不同颜色的光折射的角度不一样，我在散射的时候，不同颜色的光散射的程度也不一样。

还记得在光线经过棱镜的时候，紫色光的折射角度最大，

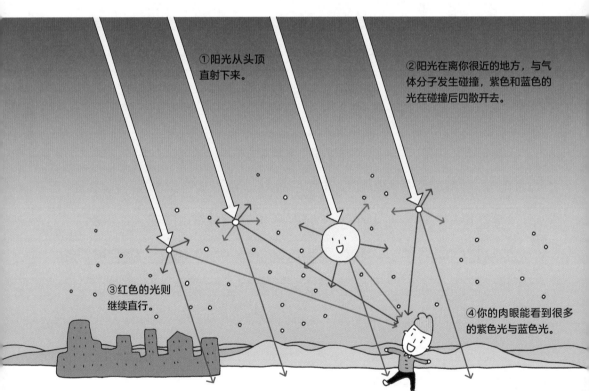

①阳光从头顶直射下来。

②阳光在离你很近的地方，与气体分子发生碰撞，紫色和蓝色的光在碰撞后四散开去。

③红色的光则继续直行。

④你的肉眼能看到很多的紫色光与蓝色光。

白天，阳光在空气层中行走的距离很短。由于紫色光和蓝色光都是在离你很近的地方发生散射，所以光线会从四面八方射进你眼中。而红色光由于散射效果较弱几乎无法到达你的眼中，红色看起来自然也就没那么明显了。

红色光的折射角度很小吗？与折射相同，紫色光和蓝色光发生的散射效果更大，而红色光几乎不会发生散射。

　　阳光在经过干净的空气时，会遇到很多的氮气或者氧气这种气体分子。在阳光与这些气体分子碰撞时，紫色光与蓝色光会发生散射四散开去，而红色光还是一样，几乎不会发生散射而是继续直线前进。

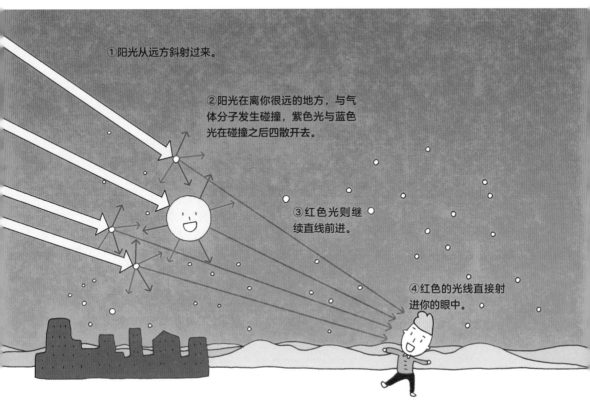

①阳光从远方斜射过来。

②阳光在离你很远的地方，与气体分子发生碰撞，紫色光与蓝色光在碰撞之后四散开去。

③红色光则继续直线前进。

④红色的光线直接射进你的眼中。

傍晚，阳光穿过空气层行走的距离变长了。由于紫色光和蓝色光在很远的地方发生散射，所以人的肉眼几乎看不到它们，但这时你却看到了能够直行很远的红色光。

紫色光和蓝色光最后会从四面八方射进你的眼中。由于比起紫色光，人的肉眼更能感受到蓝色光，所以天空看起来是蓝色的。

　　但是，既然天空还是同样的天空，为什么傍晚看起来会是红色的呢？这也和天空看起来是蓝色时是同样的原理。因为蓝色光会向四处扩散，所以它们无法去很远的地方。相反，红色光由于不容易散射，它们会继续向前直行，能够到达很远的地方。

　　白天时太阳光是从头顶直接照射下来的，所以光线在天空中只需要走很近的一段路就能够进入你的眼中，你就能够看到在离你很近的地方散射开来的蓝色光，蓝色光会从四面八方射进你的眼中。

　　傍晚的时候，太阳光是斜射地球的，所以阳光需要经过较远的距离才能穿过天空。这个时候容易散射的紫色光和蓝色光，由于没有办法走这么远的路，所以它们在路上就消失了。它们在非常遥远的空中发生散射，向四处分散。而那些不容易散射的红色光，就能从很远的地方而来射进你眼中。所以这时的天空看起来就是红色的。

　　不仅是天空，海水看起来是蓝色的，云朵看起来是白色的，也全都是我发生散射的缘故。

　　希望你在凝望蓝天和白云的时候，能够想起我。也请你一定要记住，你能够看到这个世界，全都是因为我勤勤恳恳地四处奔波，反射、折射、散射的功劳。

# 结束语

现在我的故事讲完了。

我在故事里讲述的，就是到目前为止人类不断研究和发现的，我全部的"模样"。

人们在很长一段时间里，都在坚持不懈地揭开我的秘密，通过努力，他们了解了我的很多秘密。

那么，这些就是我所有的秘密了吗？怎么会，我卢米可是个神秘的存在。

现在，我还有很多没有被人类发现的秘密。

那是什么呢？就由你自己去探索吧。到我该离开的时间了。

我的故事讲完了。

现在我要变回百变科学博士的样子啦！

朋友们，再见啦——

### 折射

光从一种介质射入另一种介质时，向某个方向弯折的现象叫折射。光在经过同一种介质时会持续以同样的速度前行，但当它在途中遇到其他种类的介质时，速度会发生变化。

### 牛顿（1642—1727）

英国物理学家、天文学家和数学家。牛顿以发现万有引力定律而闻名。牛顿做了很多关于光的研究，他的研究结果表明，光不是单色光，而是一种由各种颜色的光组成的混合光。牛顿还制作了人们观测宇宙时必须用到的工具——反射望远镜。牛顿主张"微粒说"，认为光是由微小的粒子组成的。

### 凸透镜和凹透镜

凸透镜是一种中间厚、边缘薄的镜片。光线在穿过凸透镜时，会向镜片的中心弯折，最后聚拢在一起。凸透镜能够使近处的物体看起来更大，会使远处的物体看起来更小并且上下颠倒。凸透镜常常用于制作眼镜、显微镜、望远镜、照相机等。凹透镜与凸透镜相反，凹透镜是中间薄、边缘厚的镜片。光线在穿过凹透镜时，会向镜片厚的地方弯折，即向外部扩散。透过凹透镜所看到的物体总是比实际小，凹透镜主要用于眼镜的制作。

**色散**

在阳光中有各种颜色的光，不同颜色的光照射在水或者玻璃上时，所发生的折射程度各不相同。所以光在经过水或者棱镜时，就会被分解为各种颜色的光。各种颜色的光在经过折射之后，分散开来的现象就叫色散。彩虹就是因为光经过天空中的水滴时，发生色散现象而形成的。

**散射**

光在与极小的物体碰撞之后会向四面八方散开，这种现象就叫散射。紫色光与蓝色光的散射现象最为显著，所以天空在白天看起来蓝蓝的。

**爱因斯坦（1879—1955）**

出生在德国的美籍犹太裔物理学家爱因斯坦认为，光传播的速度虽然很快，但它总是以相同的速度前进，他在这一事实的基础上提出了相对论。爱因斯坦还认为光是由具有能量的粒子组成的，这种粒子被称为"光子"。由于爱因斯坦在光的研究中所做出的杰出贡献，他在1921年获得了诺贝尔物理学奖。

### X 射线与伦琴（1845—1923）

X 射线是波长较短的光，它的穿透力很强能够照射进物体的内部，所以经常用来拍摄身体内部如骨骼的照片。德国物理学家伦琴在1895 年发现了 X 射线。伦琴在使用放电管做实验时，发现了一种未知的穿透力很强的光线，由于这是一种"未知光"，所以他将它命名为"X 射线"。伦琴因发现了 X 射线，获得了 1901 年首次颁发的诺贝尔物理学奖。

### 紫外线与里特（1776—1810）

紫外线是波长比可见光短的光，它主要来自像太阳一样温度很高的物体，它的穿透力非常强，能够破坏人的皮肤细胞，杀死细菌等微生物。紫外线常常被用来杀菌和消毒。紫外线是 1801 年德国物理学家里特发现的。里特在测试化学物质与不同颜色光线反应的实验中，发现电磁波谱中处于光谱可见光范围之外人眼看不见的波段会与化学物质产生强烈的反应。由于这种肉眼看不见的光线是存在于光谱可见光的紫色光外的一种光线，所以人们将这种光称为紫外线。

### 红外线与赫歇尔（1738—1822）

红外线是波长比可见光长的光，它能够很好地传递热量。所有有一定温度的物体都会产生红外线，所以当人们靠近发热的物体时就会感到温暖。在德国出生的英国天体学家赫歇尔，于 1800 年发现了红外线。赫歇尔为了探究光和热的关系，在将光透过棱镜分解之后，分别测量各种光线的温度。他测量到红色光的外部温度最高，这部分光是我们肉眼无法看到的光。由于这种光存在于红色光的外部，所以人们称这种光称为红外线。

### 镜面反射与漫反射

光整齐地向一个方向反射的现象叫镜面反射，向不同方向不规则地反射叫漫反射。像镜子或者其他金属一样，表面十分光滑的物体会发生镜面反射，所以它们能够映照出其他物体的样子。像纸张这样表面坑坑洼洼的物体则会发生漫反射，光在碰撞到它们时会向四周散开，所以它们无法映照出其他物体的样子，但是我们不论从哪个方向都可以看到这个物体。

### 直射

光不论向哪个方向照射，都始终以直射的方式向前行进。光在穿过同一种介质时，行进的速度始终都是一样的。虽然光的速度会根据介质的变化而发生改变，但是当它处于同一种介质中时速度始终保持一致。因为光是直射的，所以它能够产生影子。

### 波长

波长指的是相同振动周期的光波传播时，在多大距离间反复出现。在光波传播的时候，从一个波峰到另一个波峰的距离就是波长。不同种类的光，波长也不相同。波长较长的光更适合进行长途旅行，通常被用于通信行业。波长较短的光穿透力更强，常常被用于医疗行业。

# 作者寄语

## 充满秘密的神奇光线。

　　光是一种十分神秘的物质，所以在很久很久以前，光就是人们崇拜的对象。因为光遍布于世界的各个角落，人们才能够通过光看见事物。但是光既摸不着又悄无声息，还会忽然消失得无影无踪，所以光是人们最亲近也最难识别的对象。事实上，早在 340 多年前，牛顿就已经发现了光的特性，从那之后关于光的秘密就慢慢被——揭开了。

　　回顾光的研究历程就会发现，有许许多多的科学家不畏惧失败，为光的研究付出了巨大的努力。当然这其中有很多结果是偶然间发现的，也有许多因为错误的信息而产生的失败案例。尽管如此，科学家还是继续努力地学习和研究，以已经发现的科学事实为基础，不断地对新的课题进行挑战。

　　即便是现在，对光的研究也从未停止过。那些在夏天常见的萤火虫，我们揭开它们发光的真相也不过 10 多年；我们发现那些依靠发光来诱捕猎物的深海生物也只有 5 年多。如今，已经成为尖端照明设备的激光和 LED 都不再只是一种神秘的光线，而是人类对光不断探索和研究的结果。

　　尽管如此，光仍然还有很多未知的东西等待我们去解答。特别是光的"微粒说"和"波动说"这两个假设，还需要我们继续进行研究和论证。虽然还有许多问题等待我们去解决，但攻克一个又一个难题的过程，能够带给人成功的喜悦。所以也请大家都来试着挑战一下，去揭开那些关于光的秘密。


吴采焕

# 讲给孩子的基础科学

电是怎样产生的？风是如何形成的？
我们的周围充满了各种神奇的秘密。
张开好奇心的翅膀，天马行空地去想象，
这是一件多么令人激动、令人神往的事情！
科学就起源于这令人愉悦的好奇心和想象力。
从现在起，百变科学博士将
变身为电子、风、遗传基因等各种各样的奇妙事物，
带您去探索身边的科学奥秘，
开启一趟充满趣味、惊险刺激的科学之旅！
来吧，让我们向着科学出发！